四川省工程建设

四川省村规划标准

Standard for Planning of Village in Sichuan Province

DBJ51/T067－2016

主编单位： 四 川 省 城 乡 规 划 设 计 研 究 院
批准部门： 四 川 省 住 房 和 城 乡 建 设 厅
施行日期： 2 0 1 7 年 3 月 1 日

西南交通大学出版社

2017 成 都

图书在版编目（CIP）数据

四川省村规划标准/四川省城乡规划设计研究院主编. —成都：西南交通大学出版社，2017.3
（四川省工程建设地方标准）
ISBN 978-7-5643-5339-1

Ⅰ. ①四… Ⅱ. ①四… Ⅲ. ①乡村规划–地方标准–四川 Ⅳ. ①TU982.297.1-65

中国版本图书馆 CIP 数据核字（2017）第 046512 号

四川省工程建设地方标准

四川省村规划标准

主编单位　四川省城乡规划设计研究院

责 任 编 辑	姜锡伟
助 理 编 辑	张秋霞
封 面 设 计	原谋书装
出 版 发 行	西南交通大学出版社 （四川省成都市二环路北一段 111 号 西南交通大学创新大厦 21 楼）
发 行 部 电 话	028-87600564　028-87600533
邮 政 编 码	610031
网 　 址	http://www.xnjdcbs.com
印 　 刷	成都蜀通印务有限责任公司
成 品 尺 寸	140 mm × 203 mm
印 　 张	2.5
字 　 数	63 千
版 　 次	2017 年 3 月第 1 版
印 　 次	2017 年 3 月第 1 次
书 　 号	ISBN 978-7-5643-5339-1
定 　 价	26.00 元

关于发布工程建设地方标准
《四川省村规划标准》的通知

川建标发〔2016〕1012号

各市州及扩权试点县住房城乡建设行政主管部门，各有关单位：

由四川省城乡规划设计研究院主编的《四川省村规划标准》已经我厅组织专家审查通过，现批准为四川省工程建设推荐性地方标准，编号为：DBJ51/T067－2016，自2017年3月1日起在全省实施。

该标准由四川省住房和城乡建设厅负责管理，四川省城乡规划设计研究院负责技术内容的解释。

四川省住房和城乡建设厅

2016年12月22日

前　言

根据四川省住房和城乡建设厅《关于下达工程建设地方标准〈四川省村规划标准〉编制计划的通知》（川建标发〔2015〕33号）的要求，标准编制组经广泛调查研究，认真总结实践经验，参考国内外有关标准，并在广泛征求意见的基础上，制定本标准。

本标准共12章和1个附录，主要技术内容是：1. 总则；2. 术语；3. 村分级和人口规模；4. 用地分类和计算；5. 村域规划；6. 居民点用地规划；7. 道路交通规划；8. 公用设施与竖向规划；9. 防灾减灾规划；10. 历史文化保护和景观风貌规划；11. 近期建设规划；12. 规划编制成果。

本标准由四川省住房和城乡建设厅负责管理，由四川省城乡规划设计研究院负责具体技术内容的解释，执行过程中如有意见或建议，请寄送至四川省城乡规划设计研究院（地址：四川省成都市金牛区马鞍街11号，邮编：610084，电话：028-83344426，邮箱：16413028@qq.com）。

主 编 单 位：四川省城乡规划设计研究院
参 编 单 位：四川省土地统征整理事务中心
　　　　　　　四川大学

西南民族大学

中国科学院水利部成都山地灾害与环境研究所

主要起草人： 高黄根　　贾刘强　　郑语萌　　岳　波

　　　　　　 唐　密　　李何超　　吴　玺　　周　波

　　　　　　 赵　兵　　赵宏达

主要审查人： 李　东　　舒　波　　闵利兴　　汪四文

　　　　　　 刘　旺　　樊　川　　吕　梁

目　次

Contents

1 总 则

1.0.1 依据《中华人民共和国城乡规划法》《中华人民共和国土地管理法》《四川省城乡规划条例》，为提高村规划编制质量，促进村规划更加切合农村实际、满足幸福美丽新村建设需要，制定本标准。

1.0.2 本标准适用于全省城市、镇、乡政府驻地规划建设用地以外的村规划。规划范围包括村域和居民点两个层次，规划期限一般为近期 5a，远期 10a。

1.0.3 编制村规划，应运用符合农村实际的规划理念和方法，创新村规划编制方法，精简规划内容，遵循问题导向，提高规划的科学性和实用性。

1.0.4 村规划应当依据国民经济和社会发展规划，按照下一层次规划服从上一层次规划、专业或专项规划服从总体规划、规划之间协调一致的原则进行编制，体现主体功能区规划的要求，并与土地利用总体规划相衔接。

1.0.5 结合实际需要，可选择编制村总体规划、村建设规划、村整治规划。

1.0.6 编制村规划，除应符合本标准外，还应符合国家和四川省现行的有关标准的规定。

2 术 语

2.0.1 村 village

依据《村民委员会组织法》设立的村民委员会进行村民自治的管理范围。

2.0.2 中心村 key village

镇村体系中设有兼为周边村提供公用设施和公共服务设施的村。

2.0.3 基层村 basic-level village

镇村体系中，中心村以外的村。

2.0.4 居民点 settlement

人类按照生产和生活需要而形成的集聚定居地点，本标准特指农村聚居点。

2.0.5 村民宅基地 rural home base

村民按照法律规定标准用于建造自己居住房屋的农村土地。

3 村分级和人口规模

3.1 村分级

3.1.1 村应根据镇村体系规划分为中心村和基层村两级。

3.1.2 居民点规模应按人口数量划分为特大型、大型、中型和小型四级。在进行规划时，居民点规模级别应按表 3.1.2 的人口规模分级确定。应考虑平原、丘陵、山地、高原的不同地形自然条件的影响，合理确定规模等级。

表 3.1.2 居民点规模级别

类 型	特大型	大型	中型	小型
人口规模（人）	≥1001	601～1000	201～600	51～200

3.2 人口规模

3.2.1 应对村域现状人口进行调查，明确规划基年户籍人口数量、常住人口数量及结构、半年以上外出务工人口数量及去向。

3.2.2 村规划人口预测宜以现状常住人口为基准，综合考虑人口自然增长和机械增长进行预测，并按下列公式进行估算。

$$Y=X(1+a)^{n} + P \qquad (3.2.2)$$

式中　Y——规划预测人口数；

　　　X——现状常住人口数；

　　　n——规划年份；

a——人口自然增长率；

P——规划期内人口的机械增长数。

3.2.3 规划期内人口的自然增长率应按本村历史数据计算，并结合计划生育政策进行确定。机械增长宜考虑下列因素进行预测：

1 集体经济发展需求；

2 与区域新型城镇化发展相协调；

3 人口流动特点。

4 用地分类和计算

4.1 一般规定

4.1.1 用地分类包括村域用地分类和居民点建设用地分类两部分。村域用地分类应按照本标准附录 A 执行，居民点建设用地分类应按土地使用的主要性质进行划分。

4.1.2 居民点建设用地分类采用大类和小类两级分类体系，用地类别应采用字母和数字结合的方法表示。

4.1.3 使用本分类时，可根据地区不同和工作性质、内容及深度的不同，采用本分类的全部或部分类别。

4.1.4 村域用地应根据土地使用的主要性质按照 GB 50137《城市用地分类与规划建设用地标准》中"城乡用地分类"进行划分。

4.2 建设用地分类

4.2.1 居民点建设用地应分为居住用地、公共管理与公共服务设施用地、商业服务业设施用地、生产设施用地、仓储用地、道路交通与交通设施用地、公用工程设施用地和绿地等 8 大类、13 小类。

4.2.2 居民点建设用地分类和代码应符合表 4.2.2 的规定。

表 4.2.2　居民点建设用地分类和代码

大类	中类	类别名称	内容和范围
R		居住用地	独立使用和共同使用的宅基地
A		公共管理与公共服务设施用地	村管理、文化设施、教育、体育、医疗、社会福利、文物古迹和宗教等用地，包括其附属设施、内部道路、场地、绿化等用地
B		商业服务业设施用地	小超市、小卖部和餐馆等配套商业用地；信用、保险等商业服务业用地；集贸市场用地；旅游服务设施用地等
M		生产设施用地	对居住和公共环境基本无干扰、无污染的工业，各类农产品加工和服务设施用地，以及各类农业生产设施用地，如打谷场、饲养场、晒场、农机站、育秧房、兽医站等及其附属设施用地
W		物流仓储用地	物资的中转仓库、专业收购和存储建筑及其附属设施和内部道路、场地、绿化等用地
S		道路与交通设施用地	不含各类用地的内部道路和停车场
	S1	道路用地	村内部道路街巷等用地
	S2	交通设施用地	村各类交通设施用地，包括公交首末站、公交站场、公共停车场、渡口、索道地面部分及其附属设施用地
U		公用设施用地	市政、环境及其他公用设施用地
	U1	供应设施用地	给水、供电、邮政、通信、广播电视、燃气等设施用地
	U2	环境设施用地	雨水、污水、固体废弃物处理等环保设施及其附属设施用地，包括公厕、垃圾站、危险废物处理、粪便处理等用地
	U9	其他公用设施用地	除以上之外的公用工程设施用地，包括消防、防洪等安全设施用地

大类	中类	类别名称	内容和范围
G		绿地	公共开放空间用地
	G1	公共绿地	包括村民活动广场、宅前屋后绿化及农作物等用地
	G2	防护绿地	具有卫生、隔离和安全防护功能的绿地

4.3 规划建设用地标准

4.3.1 人均建设用地指标应按表 4.3.1-1 的规定分为五级，并应符合下列规定：

表 4.3.1-1 人均建设用地指标分级（m²/人）

级 别	一	二	三	四	五
人均建设用地指标	>50～≤60	>60～≤75	>75～≤100	>100～≤120	>120～≤140

1 新建居民点的规划，其人均建设用地指标宜按表 4.3.1-1 中第二级确定，当用地偏紧时，可按第一级确定。

2 对已有的居民点进行规划时，其人均建设用地指标应以现状建设用地的人均水平为基础，根据人均建设用地指标级别和允许调整幅度确定，并应符合表 4.3.1-2 及本条各款的规定。

3 人均宅基地面积不宜超过 30 m²，3 人以下的户按 3 人计算，4 人的户按 4 人计算，5 人以上的户按 5 人计算。地多人少的少数民族、边远地区的村，应根据所在市（州）政府规定确定建设用地及宅基地指标。

表 4.3.1-2 人均建设用地指标

现状人均建设用地 水平（m²/人）	规划人均建设用地 指标级别	允许调整幅度（m²/人）
≤50	一、二	应增 5～20
50.1～60	一、二	可增 0～15
60.1～75	二、三	可增 0～10
75.1～100	二、三、四	可增、减 0～10
100.1～120	三、四	可减 0～15
120.1～140	四、五	可减 0～20
>140	五	应减至 140 以内

注：允许调整幅度是指规划人均建设用地指标对现状人均建设用地水平的增减数值。

4.3.2 建设用地的选择应符合下列要求：

1 应进行建设用地适宜性分析，科学确定建设用地范围。

2 当需要扩大用地规模时，宜选择荒地、薄地，不占或少占耕地、林地和人工牧场，体现保护耕地和节约集约用地原则。

3 宜选在水源充足、水质良好、便于排水、通风向阳和地质条件适宜的地段。

4 应避开山洪、风口、滑坡、崩塌、泥石流、洪水淹没、地震断裂带等自然灾害影响以及生态敏感的地段；并应避开水源保护区、自然保护区、风景名胜区有开采价值的地下资源和地下采空区。

5 应避免被铁路、重要公路和高压输电线路所穿越。

6 靠近城镇的居民点用地发展方向的应考虑城镇的辐射影响，利于城镇基础设施向农村延伸，公共设施向农村覆盖。

4.4 用地计算

4.4.1 用地面积应按用地界线所围合的用地水平投影面积计算。每块用地只可计算一次，不得重复。

4.4.2 村域图纸比例尺不宜小于 1∶5000，居民点图纸比例尺不宜小于 1∶1000。现状和规划的用地分类计算应采用同一比例尺。

4.4.3 用地的计量单位应为万平方米（公顷），精确到小数点后 2 位，代码为 hm^2。

4.4.4 村域和居民点的现状和规划用地应按统一的规划范围进行计算。分片布局的规划用地应分片计算用地后再进行汇总。

4.4.5 用地计算表的格式应符合本标准附录 B 的有关规定。

5 村域规划

5.1 一般规定

5.1.1 应以村域为规划范围。

5.1.2 应充分对接上位规划要求，落实产业发展、用地布局、区域设施、生态环境保护等内容。与土地利用总体规划相协调，切实保护耕地，坚持节约集约用地。将农房建设管理要求和村整治项目作为规划重点内容。

5.1.3 居民点选址须确保安全，避让地震断裂带，避让地质灾害隐患点，避让行洪泄洪通道，避让废气污染源等不适宜人居住的场所。

5.2 规划目标

5.2.1 应明确村发展定位，科学合理地确定村域人口、经济、社会、环境和农村建设等目标，制订重要项目建设计划。

5.2.2 通过规划编制，应实现乡村建设发展有目标、重要建设项目有安排、生态环境有管控、自然景观和文化遗产有保护、农村人居环境改善有措施。

5.3 村域产业发展与布局

5.3.1 结合当地农业资源特点，合理安排农业生产设施用地，延伸产业链条，促进农业特色化发展，提升农业现代化水平。

5.3.2 可结合当地特点和村民需求，引导发展规模种养殖业、特色手工业、农产品加工业和乡村旅游业等产业。

5.3.3 宜鼓励近郊村积极发展城市近郊养老、文化、体育、农业生态旅游等产业。

5.3.4 应按照"产村相融、一三联动"的理念合理安排村域产业布局及配套设施，协调生产空间、生态空间和生活空间的关系。

5.4 村域建设规划

5.4.1 应调查村域人口空间分布情况，预测村人口流动趋势，结合产业发展和布局，确定各居民点人口规模和功能。

5.4.2 遵循节约集约用地原则，充分利用丘陵、缓坡和非耕地进行建设，划定居民点管控边界，并确定建设用地规模和管控要求。

5.4.3 应对村域供水、污水、垃圾、道路、电力、通信、防灾等设施和廊道进行统筹规划；合理配置村域教育、医疗、商业等公共服务设施。

5.4.4 应划定乡村风貌分区，并分区制定田园风光、自然景观、建筑风格和文化保护等风貌控制要求。

5.4.5 应编制居民点整治指引，分区、分类制定居民点整治要求，提出相应重点整治项目、标准和时序。

5.4.6 应提出农房建设管理要求，重点对农房抗震设防提出强制性要求。

6 居民点用地规划

6.1 一般规定

6.1.1 应充分尊重村民意愿，节约集约利用土地。充分利用现状建设用地，挖掘土地潜力，完善功能。

6.1.2 宜落实"小规模、组团式、生态化、微田园"的规划理念，结合自然环境条件，规划形成居民点与自然环境相协调的布局形态。

6.1.3 应在有利生产、方便生活、安全适用的基础上，合理布置各类建设用地。

6.1.4 应结合农村实际提出农房户型和风貌设计指引，满足农民生活生产需要，体现历史文化特色、地域特色和民族特色，保持"房前屋后、瓜果梨桃、鸟语花香"的田园风光和农村风貌。

6.2 居住用地

6.2.1 居住用地规划应综合考虑相邻用地的功能、道路交通等因素；应有利于生产、方便生活，有适宜的卫生条件和建筑条件；应布置在大气污染源的常年最小风向频率的下风侧以及水污染源的上游；与生产劳动地点联系方便，又不互相干扰。

6.2.2 居住建筑的布置应包括下列内容：

    1 根据气候、用地条件和农村使用要求及地方风俗习惯，确定建筑的标准、类型、控制高度、层数、朝向、群体组合、绿地系统和空间环境；

    2 建筑的间距应满足卫生、采光、通风和防灾的要求；

    3 村民住宅布置应避免单一、呆板的布局方式，应顺应地形与基地现状，灵活布局，空间围合丰富，户型设计多样。

6.3 公共管理与公共服务设施用地

6.3.1 各类公共管理与公共服务设施应结合村民习惯进行合理布局，宜相对集中布置，并考虑混合使用，形成村民活动中心。

6.3.2 公共管理与公共服务设施的内容和配置标准应按村级组织和综合调解中心、农民培训中心、卫生计生中心、文化体育中心、便民服务中心、农家购物中心（即"1+6"）为主要内容进行建设，各种功能可结合实际合设或单独设置。中心村和基层村公共管理与公共服务设施配置标准应符合表 6.3.2 的规定。鼓励有条件的村设置老年人日间照料中心等养老设施。

表 6.3.2 中心村和基层村公共管理与公共服务设施配置标准

项目	设施名称	注　释	中心村	基层村
管理	村级组织	建筑面积 100～150 m²	●	●
	综合调解中心	建筑面积 100 m² 左右	●	●
教育	小学	人均建筑面积 10 m² 左右	△	—
	托幼（儿）园	建筑面积约 200 m²	●	△
	村民培训中心	含图书室、科技服务点等，建筑面积 100～150 m²	●	△
医疗卫生	卫生计生中心	建筑面积 100～200 m²	●	△
文化体育	文化体育中心	建筑面积 100～150 m²	●	●
商业服务	便民服务中心	提供代办、就业、社保等服务，建筑面积 100 m² 左右	●	●
	农家购物中心	含农贸市场，建筑面积 50～200 m²	●	●

注：●表示应设的项目，△表可设的项目，— 表示不需配置的项目。

6.3.3 学校、托幼建筑应设在阳光充足、环境安静的地段，远离污染源及易燃易爆场所，不危及学生、儿童安全的地段，距离铁路干线应大于 300 m，出入口应避免开向主要道路及过境道路，同时应考虑服务半径的合理和使用的方便。

6.3.4 集贸设施宜设在居民点入口附近或交通方便地段。影响环境和安全的市场，应设在居民点的边缘或远离居民点设置，并应满足卫生和安全防护的要求。

6.4 生产设施和仓储用地

6.4.1 生产设施用地应符合下列要求。

 1 工业生产设施用地宜集中布置。有污染的项目应与居住用地保持必要的防护距离，采取必要的环境保护措施。

 2 农机站、打谷场、农产品加工等农业生产设施的选址，应方便作业、运输和管理。

 3 集中畜禽养殖场地的选址，应满足卫生和防疫要求，应布置在常年主导风向的侧风位、通风排水条件良好的地段，且与居民点保持一定的防护距离；应符合现行国家标准 GB 18055《村镇规划卫生标准》的有关规定。如设置兽医站，则宜布置在居民点边缘。

6.4.2 仓库及堆场用地的选址，应按存储物品的性质确定，并应设在居民点边缘、交通运输方便的地段。粮、棉、木材、油类、农药等易燃易爆仓库与公共建筑、居住建筑、生产建筑等的距离应符合安全和环保的有关规定。

14

6.5 绿 地

6.5.1 绿地规划应根据地形地貌、现状绿地布局、绿化特点和生态环境建设的要求，结合居民点用地布局和房前屋后绿化用地，因地制宜地安排公共绿地、广场、防护绿地以及居民点周围环境的绿化。

6.5.2 公共绿地宜结合村口、公共中心及沿主要道路进行布置，有条件的村可结合公建、广场、水体设置公园等集中绿地。

6.5.3 防护绿地应根据卫生和安全等功能的要求，分别布置水源保护区防护绿地、工矿企业防护绿带、养殖业的卫生隔离绿带、铁路和公路防护绿带、高压电力线路走廊绿化和防风林带等。

6.5.4 道路两侧绿化以乡土植物为主，宜利用特色农林作物进行绿化，避免城市化的绿化种植模式。

6.5.5 应根据气候条件、土壤特性选择适宜的植物种类及配置模式。土壤的理化性状应符合当地有关植物的土壤标准，并应满足蓄水渗透的要求。

6.5.6 应根据居民点规模和形态，结合公共服务设施布置村民广场，以公共服务为主要功能，结合农村居民的生产、生活和民俗乡情，适当布置休息、健身活动和文化设施，应方便村民使用，同时避免外来车辆的干扰。

7 道路交通规划

7.1 一般规定

7.1.1 村道路交通规划应包括村域道路规划和居民点道路规划。

7.1.2 村道路交通规划应依据上位规划的统一部署，按照有利生产、方便生活的原则进行规划。

7.1.3 村道路交通规划应充分考虑村民对农用车及私家车的需求。

7.1.4 城市、镇（乡）人民政府驻地规划区内的村，村道路交通规划应结合实际，按相应的城市、镇（乡）标准设置，以减少重复建设，节省资金。

7.2 村域道路

7.2.1 应落实上位规划中确定的各类区域交通设施及相关的防护要求。

7.2.2 应结合村域自然条件和现状特点，协调村域道路与区域交通的衔接与联系。

7.2.3 规划公路不宜穿过居民点内部，保证公路畅通和车行、人行安全。

7.2.4 乡级道路以下等级的道路宜统筹考虑村与城镇、村与村、居民点建设用地与农林用地之间的车行、人行以及农机通行的需要。

7.2.5 应按照村域生产需求设置村域机耕路，在安全适用的原则下，参照国家《基本农田建设设计规范》相关要求规划建设。

7.2.6 有条件的地方，应按照公交优先原则构建村域范围内公交站场设施，设立站点标志，方便居民出行。

7.3 居民点道路

7.3.1 居民点道路规划应包括居民点建设用地范围内的道路规划与交通设施规划。

7.3.2 居民点道路分为村干路、村支路和巷路三级。中型及以上居民点的村干路应满足双向行车，村支路应满足单向行车和错车；小型居民点的村干路应满足单向行车和错车。

7.3.3 居民点道路中各级道路的技术指标可按表7.3.3规定。

表7.3.3 道路控制宽度参照表（m）

居民点规模分级	道路级别		
	村干路	村支路	巷路
特大型	10～14	6～7	3～5
大型	10～14	6～7	3～5
中型	8～12	5～7	3～5
小型	5～7	3～5	—

注：单车道的道路应设置错车道，间距可结合地形、交通量大小、视距等条件确定，有效长度不应小于5 m。近端式道路应结合周边环境设置回车场地。

7.3.4 应考虑对外公共交通，并合理设置公交停靠站，按需设置停靠站与居民入户之间的交通接驳。

7.3.5 应按照安全方便、休闲健身的原则规划非机动车及步行系统。

7.3.6 机动车与非机动车停车应结合居住模式进行布置，公共停车场宜布置在村口或与村公共中心结合布置。以旅游为主导产业的村，还应结合旅游的发展规划安排外来机动车的停车场地。

7.3.7 道路及交通设施布局应充分考虑交通安全问题。

8 公用设施与竖向规划

8.1 一般规定

8.1.1 公用设施规划主要应包括给水、排水、供电、通信、燃气、环境卫生设施规划。

8.1.2 村域的公用设施规划应依据上位规划统一部署。

8.1.3 应因地制宜地选择能源供应方式，积极采用适宜的实用技术，提倡使用太阳能、风能、生物质能等清洁能源，多能互补，优化农村能源结构。

8.2 给水工程

8.2.1 给水工程规划应包括用水量预测、水源选择、供水方式、输配水管网布置、水压要求等。

8.2.2 居民点宜与周边的居民点和城镇实施区域供水管网统筹规划，采用集中式供水；无条件建设集中式供水工程的村，应加强对水井、水池、水窖、手压机井等分散式水源的保护和卫生防护等管理，改造完善现有设施，保障饮水安全。

8.2.3 给水工程规划的用水量，按照人均综合用水量指标预测，根据 GB 50178《建筑气候区划标准》的不同区域选择不同指标，应符合表 8.2.3 的规定。

表 8.2.3　人均综合用水量指标[L/（人·d）]

建筑气候区划	人均综合用水量指标
Ⅲ、Ⅴ区	80～160
Ⅵ区	50～100

注：如有家庭种植、饲养及农家旅游，本表指标可适当上浮。

8.2.4　饮用水水质应符合 GB 5749《生活饮用水卫生标准》的有关规定。

8.2.5　水源地选择要做到水量充足，水质应符合要求，便于水源的卫生防护。选择地下水作为给水水源时，不得超量开采；选择地表水作为给水水源时，其枯水期的保证率不得低于 90%。对于水资源匮乏的村，应设置天然降水的收集储存设施，包括雨水收集场、净化构筑物、储水池和取水设备。

8.2.6　给水管网系统的布置和干管的走向应与给水的主要流向一致，宜充分利用地形，输水管优先考虑重力自流。宜减少穿越障碍物和地质不稳定的地段。埋深应当满足地面荷载要求和防冰冻需求。

8.3　排水工程

8.3.1　排水工程规划应包括确定排水体制、排放标准、污水量预测、雨水强度及参数、排水系统、污水处理设施等内容。

8.3.2　排水量应包括污水量、雨水量，污水量应包括生活污水量和生产污水量。其中生活污水量可按生活用水量的 75%～85%进行计算，生产污水量可按生产用水量的 75%～90%进行计算，雨水量可按邻近城市的标准计算。

8.3.3　应因地制宜选择排水体制和生活污水处理方式，在经济适用的原则下满足污水排放的相关要求。

8.3.4 污水排放应符合现行国家标准 GB 8978《污水综合排放标准》的有关规定；污水用于农田灌溉应符合现行国家标准 GB 5084《农田灌溉水质标准》的有关规定。

8.3.5 污水收集与处理遵循就近集中的原则，靠近城镇的村污水宜优先纳入城区污水收集处理系统；其他村可根据居民点的自然条件，采用沼气池、人工湿地和一体化成套设备等经济适用、成熟可靠、维护便利的处理方法集中。

8.3.6 污水采用集中处理时，污水处理设施的位置应选在居民点的下游，靠近受纳水体或农田灌溉区。污水受纳体应具有足够的环境容量，不应污染环境、影响农村发展及农业生产，应符合环境保护或农业生产的要求。

8.3.7 排水管网布置应符合下列要求：

1 排水管渠一般依据地形敷设，应以重力流为主，宜顺坡敷设，不设或少设排水泵站；

2 排水干管应布置在排水区域内地势较低或便于雨、污水汇集的地带；

3 截流式合流制的截流干管宜沿受纳水体岸边布置；

4 雨水应充分利用地面径流和沟渠排除，污水应通过管道或暗渠排放，位于山边的村应沿山边规划截洪沟或截流沟，收集和引导山洪水排放。

8.4 供电与通信

8.4.1 供电工程规划主要应包括预测用电负荷，确定供电电源、主变容量、电压等级、供电线路、供电设施。供电电源的确定和变电站站址的选择应以上位供电规划为依据。

8.4.2 农村电网高、中、低压配电网主干线路的建设应满足农村经济中长期发展要求。农村公用配电变压器应按"小容量、密布点、短半径"的原则进行建设与改造，变压器的位置应靠近负荷中心，避开易爆、易燃、污秽严重及地势低洼地带，进出线方便，便于施工、运行维护。村民生活用电与农业生产用电宜分别出线、计量，个别用电大户应单独布线。

8.4.3 供电线路的设置应符合下列规定：

1 电网电压等级宜定为 35 kV、10 kV 和 380／220V；

2 架空电力线路应根据地形、地貌特点和网络规划，沿道路、河渠和绿化带架设，路径宜短捷、顺直，并应减少同道路、河流、铁路的交叉；

3 设置 35 kV 及以上高压架空电力线路应规划专用线路走廊，并不得穿越居民点中心、文物保护区、风景名胜区和危险品仓库等地段；

4 中、低压架空电力线路应同杆架设，繁华地段和旅游景区宜采用埋地敷设电缆；

5 电力线路之间应减少交叉、跨越，并不得对弱电产生干扰。

8.4.4 通信工程规划主要应包括电信、邮政、广播、有线电视、无线通讯和互联网的规划。

8.4.5 电信工程规划应包括确定用户数量、发展规模、管线布置，并符合下列要求：

1 电话用户预测应在现状基础上，结合当地的经济社会发展需求，确定电话用户普及率（部/百人）；

2 电信线路规划应依据发展状况确定，宜采用埋地管道敷设，不具备埋地管道敷设条件时，电信、有线电视线路宜同杆架设；线路布置应便于敷设、巡察和检修，宜设在电力线走向的道路另一侧。

3 管道埋地敷设时应避开易受洪水淹没、河岸塌陷、土坡塌方以及有严重污染的地区。

8.4.6 邮政网点的选择应利于邮件运输、方便用户使用。

8.4.7 广播、电视设施及管线应与电信局（所）及管线统一规划，积极推进"三网融合"。

8.5 燃 气

8.5.1 燃气工程规划主要应包括确定燃气种类、供气方式、供气规模、供气范围、管网布置和供气设施。

8.5.2 距城镇气源较近、用户比较集中的村应依托城镇使用管道燃气；距城镇气源较远的村可以使用灌装液化石油气、人工煤气和沼气。

8.5.3 结合当地经济和社会发展需要确定能源需求标准及规模。燃气需求预测标准：农村居民天然气生活用气量指标为 0.5 m³/（户·日）~0.9 m³/（户·日）；液化石油气生活用气量指标为 0.4 kg/（户·日）~0.8 kg/（户·日）。

8.5.4 燃气供应设施规划选址应避开易受洪水淹没、河岸塌陷、滑坡的地区，远离易燃易爆仓库等。

8.5.5 选用沼气或农作物秸秆制气应根据原料品种与产气量，确定供应范围，并应做好沼水、沼渣的综合利用。积极推广"统一建池、集中供气、综合利用"的大中型沼气工程建设模式。

8.6 环境保护和环卫设施

8.6.1 加强村域环境保护，空气、地表水、地下水、土壤环境质量应符合环境保护要求。新建生产项目应相对集中布置，与相邻用地间设置隔离带，其卫生防护距离应符合现行国家标准 GB 18055《村镇规划卫生标准》和本标准第 7 章的有关规定。

8.6.2 垃圾应逐步实现分类收集、就地减量处理和资源化利用，明确垃圾无害化处理率目标。无法就地处理的垃圾，应积极推广"村收集、乡（镇）转运、县（市）处理"模式，每个村均应设置生活垃圾收集点，其服务半径不宜超过 100 m。

8.6.3 每村至少设置一处公共厕所，千人以上的居民点可酌情增设。公厕宜在主要街道及公共场所设置。结合农村实际需要选择户厕改造模式。

8.7 用地竖向规划

8.7.1 居民点建设用地的竖向规划应包括下列主要内容：

　　1 应确定建设用地规划地面形式、控制高程及坡度；

　　2 应结合原始地形地貌和自然水系，合理规划排水分区，确定地面排水方向、排水方式；

　　3 提出有利于保护和改善居民点生态、低影响开发和景观的竖向规划要求。

8.7.2 建设用地的竖向规划应符合下列要求：

　　1 建设用地的地面排水应根据地形特点、降水量、汇水面积和总平面布局等因素，划分排水区域，确定坡向和坡度及管沟系统；

    2   应有利于地面排水及防洪、排涝，避免土壤受冲刷；

    3   应有利于建筑布置、工程管线敷设；

    4   应符合道路、广场的设计坡度要求。

9 防灾减灾规划

9.1 一般规定

9.1.1 防灾减灾规划主要应包括消防、防洪排涝、防震减灾、防地质灾害、气象灾害防御等内容。

9.1.2 防灾减灾规划应按照"预防为主，防、治、避、救相结合"的原则，保护村民生命和财产安全，保障农村建设顺利进行。划定适建、限建、禁建区域，并提出管制要求。

9.2 防灾减灾

9.2.1 居民点消防应符合下列规定。

1 居民点具备给水管网条件时，其管网及消火栓的布置、水量、水压应符合现行国家标准的有关规定；不具备给水管网条件时应利用河湖、池塘、水渠等水源规划建设消防给水设施；给水管网或天然水源不能满足消防用水时，宜设置消防水池，寒冷地区的消防水池应采取防冻措施。

2 居民点消防通道应符合现行国家标准及农村建筑防火的有关规定；消防通道可利用交通道路，应与其他公路相连通；当管架、栈桥等障碍物跨越道路时，净高不应小于4.5 m。

3 生产、储存易燃易爆化学物品的工厂、仓库必须设在居民点边缘或相对独立的安全地带，并与人员密集的公共建筑保持规定的防火安全距离。

严重影响居民点安全的工厂、仓库、堆场、储罐等必须迁移或改造，采取限期迁移或改变生产使用性质等措施，消除不安全因素。

4 应设置火警电话和消防室，火警线路不应少于一对，消防室可与村行政中心联合设置，并配置基本的灭火及防护装备。

9.2.2 防洪排涝应符合下列要求。

1 防洪标准应依据上位规划中的规定进行设防。村域范围内有重大基础设施和公共设施、能源设施、文物古迹等时，在不能分别设防时，应按就高不就低的原则确定设防标准及防洪设施。

2 在易受洪水灾害的村修建围埝、安全台、避水台等避洪安全设施时，其位置应避开分洪口、主流顶冲和深水区，其安全超高值应符合上位规划中的规定。

3 平原、洼地、山谷、盆地等易涝地区的村，应根据积涝标准制定排涝规划，其排涝工程应与排水工程统一规划，共同使用。

9.2.3 防震减灾应符合下列要求。

1 生命线工程和重要设施，包括交通、通信、供水、供电、能源、消防、医疗和食品供应等应进行统筹规划，道路、供水、供电等工程应采取环网布置方式，人员密集的地段应规划不同方向的两个出入口。

2 防震疏散场地应根据人口及救援人数统一规划，应与农田、绿地、广场等相结合，应避开次生灾害严重的地段，并应具备明显的标志和良好的交通条件。

9.2.4 地质灾害防治应坚持预防为主，避让与治理相结合的原则，因地制宜地提出地质灾害防治措施。居民点规划选址应避开易灾地段，农房选址应避开在山区的冲沟地区、滑坡、崩塌和泥石流易发地区，以及危岩下方。居民点建设应防止高挖深填。

9.2.5 气象灾害防御应符合下列要求。

1 气象灾害包括暴雨、大雪、寒潮、冻雨、高温、干旱、雷电、大雾、霜冻等气象原因造成的灾害，应按照不同地区的灾害情况在规划中做好有关气象灾害防御工作。

2 居民点选址应避开雷击区，避开与风向一致的山垭口、谷口等易形成风灾的地段，对于易发生干旱、大雪或暴雨中易形成泥石流等气象灾害的地区，应限制规划新建居民点和重要公共服务设施。

10 历史文化保护和景观风貌规划

10.1 历史文化保护规划

10.1.1 应严格、科学保护历史文化和乡土特色，延续和体现历史文化传统和乡村特色、地域特色、民族特色。

10.1.2 历史文化名村应根据《历史文化名城名镇名村保护条例》的规定单独编制专项规划。传统村落应编制传统村落保护发展规划。

10.1.3 应包括传统格局、历史风貌、空间尺度及与其相互依存的自然景观和环境，文物保护单位、历史建筑、历史街巷和历史环境要素，非物质文化遗产及其载体空间。

10.1.4 对反映历史风貌的石刻、古院、古桥、古井、古树名木等历史环境要素应提出保护要求与整治措施。

10.1.5 对具有地方特色的传统戏曲、传统工艺、传统产业、民风民俗等非物质文化遗产应提出保护要求和措施。

10.2 景观风貌规划

10.2.1 景观风貌规划应包括文化、民族、地域等特色传承，维系空间格局，延续和塑造特色建筑风貌等内容。

10.2.2 应保护地形地貌、自然植被、河流水系等自然环境要素，延续和体现原有的社会网络和空间格局，引导农村建设在空间布局、建筑组合方式、建筑形式、色彩等各方面的特色与农村地域特色相协调。

10.2.3 街巷系统、水系、特色公共空间等居民点格局构成要素应符合下列要求：

1 应延续街巷空间结构和尺度，采用多种形式组织富有特色的街巷系统；

2 应保留现有河道水系，提出必要的整治和疏通要求，改善水质环境，河道保持自然走向，宜采用生态驳岸，并与绿化、建筑等相结合，形成丰富的河岸景观；

3 应保护与农村风俗、节庆、纪念等活动密切关联的特色公共空间，传承乡土文化特色。

10.2.4 应根据整体风貌特色、居民生活习惯、地形与外部环境条件、传统文化等因素，确定建筑风貌及建筑群的组合方式，划定保留、整治、拆除建筑的范围，并符合下列要求：

1 对具有传统风貌特色的建筑，应采取不改变外观特征，调整、完善内部布局及设施的改善措施；

2 对不符合风貌保护要求的建筑，除影响较大必须拆除之外，应逐步改造其外观形式和建筑色彩，达到整体统一的效果；

3 新建建筑应进行风貌控制，其体量、形式、材质、色彩均应与传统风貌相协调，尽量采用地方建筑材料，延续和传承乡土特色风貌。

11 近期建设规划

11.0.1 近期建设规划年限一般应为 5a。

11.0.2 近期建设规划应包括近期建设目标、用地布局、基础设施与公共服务设施建设等内容,明确近期建设项目的名称、用地规模、建设时序和投资估算。

12 规划编制成果

12.0.1 村规划成果应包括规划说明和图纸。

12.0.2 规划说明书中应强化基础性研究内容，包括村各类用地现状分析、人口特征分析和产业发展分析等内容。

12.0.3 规划图纸应标注图名、图界、指北针和风玫瑰图、比例和比例尺、规划期限、图例、署名、编制日期和图标等内容。

12.0.4 村域规划图纸比例为 1：5000～1：2000，居民点规划图纸比例宜为 1：1000～1：500。

12.0.5 规划主要图纸宜包括区位关系图、村域现状图、村域规划图、村域基础设施规划图、居民点综合现状图、居民点用地布局规划图、居民点总平面布置图、基础设施规划图、农房选型示意图和必要的效果图等。

附录 A 居民点现状用地和规划用地统计表

表 A 居民点现状用地和规划用地统计表

用地代码	用地名称			用地面积（hm²）		占建设用地比例（%）		人均建设用地面积（m²/人）	
				现状	规划	现状	规划	现状	规划
R	居住用地								
A	公共管理与公共服务设施用地								
B	商业服务业设施用地								
M	生产设施用地								
W	物流仓储用地								
S	道路与交通设施用地								
	其中	S1	道路用地						
		S2	交通设施用地						
U	公用设施用地								
	其中	U1	供应设施用地						
		U2	环境设施用地						
		U9	其他公用设施用地						
G	绿地								
	其中	G1	公共绿地						
		G2	防护绿地						
X	空闲地								
	建设用地合计					100	100		

备注：_____年现状人口_____人，

_____年规划人口_____人。

本标准用词说明

1 为便于在执行本标准条文时区别对待，对要求严格程度不同的用词说明如下：

　　1）表示很严格，非这样做不可的：

　　　　正面词采用"必须"，反面词采用"严禁"。

　　2）表示严格，在正常情况下均应这样做的：

　　　　正面词采用"应"，反面词采用"不应"或"不得"。

　　3）表示允许稍有选择，在条件许可时首先应这样做的：

　　　　正面词采用"宜"，反面词采用"不宜"。

　　4）表示有选择，在一定条件下可以这样做的，采用"可"。

2 条文中指明应按其他有关标准执行时的写法：

"应符合……规定"或"应按……执行"。

引用标准名录

1 《村镇规划卫生》GB 18055

2 《建筑设计防火规范》GB 50016

3 《城镇燃气设计规范》GB 50028

4 《建筑气候区划标准》GB 50187

5 《镇规划标准》GB 50188

6 《防洪标准》GB 50201

7 《城市规划基本术语标准》GB/T 50280

8 《城市工程管线综合规划规范》GB 50289

9 《农田灌溉水质标准》GB 5084

10 《生活饮用水卫生标准》GB 5749

11 《污水综合排放标准》GB 8978

12 《城乡建设用地竖向规划规范》CJJ 83

13 《城市规划制图标准》CJJ/T 97

四川省工程建设地方标准

四川省村规划标准

Standard for Planning of Village in Sichuan Province

DBJ51/T067 – 2016

条 文 说 明

编制说明

DBJ51/T067—2016《四川省村规划标准》，经四川省住房和城乡建设厅 2016 年 12 月 22 日以第 1012 号公告批准发布。

为便于广大设计、施工、科研、学校等单位有关人员在使用本标准时能正确理解和执行条文规定,《四川省村规划标准》编制组按章、节、条顺序编制了本标准的条文说明,供使用者参考。

目　次

1 总 则

1.0.1 系统制定和不断完善有关村规划的标准，是加强村规划建设工作，使之科学化、规范化的一项重要内容。

制定本标准的目的是落实《中华人民共和国城乡规划法》《中华人民共和国土地管理法》和《四川省城乡规划条例》，为各地、各部门编制和管理村规划提供科学依据和统一的技术标准，以提高我省的村规划水平，使村规划更好地指导村规划管理和建设工作，为广大村民创造优良的劳动和生活环境，从而促进我省城乡经济和社会的协调发展。

1.0.2 本标准的适用范围是全省城市、镇、乡政府驻地规划建设用地以外的村规划。城市、镇、乡政府驻地规划建设用地以内，且近期实施新型城镇化的村应纳入城镇规划统一考虑，远期实施新型城镇化的村可参考本标准执行。

1.0.4 本标准是一项综合性的通用标准，内容涉及多种专业，这些专业都颁布了相应的专业标准和规范。因此，编制村规划时，除应执行本标准的规定外，还应遵守国家和四川省现行有关标准、规范的规定。

1.0.5 对条件一般的村，直接编制村建设规划（居民点规划），其中明确自然村布点等总体规划内容；对近几年无建设需求的村，结合当地经济社会发展确定出村域现状分析及规划指引；国家、省已批准命名的历史文化名村、传统村落，应编制历史文化名村保护规划和传统村落保护发展规划，不再单独编制村规划。

3 村分级和人口规模

3.1 村分级

3.1.1 在我省村规划中，各地要根据村职能和特征，对每个村进行具体分析，因地制宜地进行规模大小类型划分。

村按其规划人口规模大小分为特大型、大型、中型、小型四种类型，为村规划中确定各类建筑和设施的配置、建设的规模和标准，以及规划的编制要求等提供依据。村规模分类不是村规划的等级，村规划等级只有中心村和基层村两种。

3.1.2 依据全省村人口的统计资料和规划发展前景以及各市、自治州对人口规模的分级情况，通过对不同的分级方案进行比较，确定了人口规模分级的定量数值。人口规模分级采用2、6、10的等差级数，数字系列简明，村规模的现状平均值位于中型的中位值附近。同时，规定了小型村的人口规模不封底，特大型村的人口规模不封顶，以适应我省不同地区的村人口规模相差悬殊和发展不平衡的特点。

为统一计算口径和避免重复计算，人口规模均以村规划范围内的总人口数为准，其中总人口数是指常住人口数量。

3.2 人口规模

3.2.1 村人口数量和结构相对稳定，为了便于调查统计，分为户籍人口、常住人口和半年以上外出务工人口三类进行确定。

户籍人口：户籍在村的人口。

常住人口：包括居住在本村、户口在本村或户口待定的人，居住在村、离开户口所在地半年以上的人，户口在本村、外出不满半年或在境外工作学习的人。

半年以上外出务工人口：四川省现状情况，很多农村户籍人口实际上是以外出打工的形式在城市、镇工作，是统计在城市或镇的常住人口的范畴。

3.2.2 规划期内人口规模的预测，主要是对人口自然增长率和人口的机械增长率进行预测。人口自然增长率以现状常住人口为基数。人口自然增长率的取值，不仅要根据当地的计划生育指标，还要考虑当地人口年龄与性别的构成情况加以校核，以使人口自然增长率的预测结果更加符合实际。人口机械增长数预测要根据村发展前景的需要，分析村建设条件的可能，综合考虑人口的机械增长情况。对规划期末的人口进行测算，目的是为确定村建设用地规模、设施配置等提供依据。

计算公式中的自然增长率 a 和机械增长数 P 可以是负值，即负增长。

4 用地分类和计算

4.1 一般规定

4.1.1 本标准的村用地分类充分考虑了和 GB 50137《城市用地分类与规划建设用地标准》的衔接。村用地分类包括村域用地分类和居民点建设用地分类两部分，覆盖村域范围内所有的建设用地和非建设用地，以满足村域土地使用的规划编制、用地统计、用地管理等工作需求。

　　村域用地分类在参考 GB 50137《城市用地分类与规划建设用地标准》中的"城乡用地分类"基础上进行适当删减，各地可在此基础上结合实际情况进行增减。

4.1.2 用地类别应采用字母和数字结合的方法表示，适用于规划文件的编制和用地的统计工作。由于居民点建设用地结构较为简单，规模较小，分类时采用大类、小类二级分类体系。在图纸中同一地类的大、小类代码不能同时出现。

4.1.4 本标准适用于村域内全部土地，在规划调查、编制和管理工作中，应该根据土地实际使用的主要性质和规划引导的主要性质进行划分和归类，村域范围内所有用地都应列入 GB 50137《城市用地分类与规划建设用地标准》城乡用地分类中的某一类别，并且不能同时列入两项或两项以上的功能类别。

4.2 建设用地分类

4.2.1 为了城乡统筹发展，居民点建设用地分类和名称与GB 50137《城市用地分类与规划建设用地标准》相衔接，并参考了近年来各省、自治区、直辖市制定的村用地定额指标中有关用地分类和组成的规定。将居民点建设用地按土地使用的主要性质分为居住用地、公共管理与公共服务设施用地、商业服务设施用地、生产设施用地、仓储用地、道路与交通设施用地、公用工程设施用地和绿地与广场用地8大类，这一分类具有以下特点：

1 概念明确、系统性强、易于掌握；

2 突出体现居民点用地的特点；

3 有利于用地的定量分析，便于制定定额指标；

4 既与以往国家主管部门颁布的有关规定的精神一致，又同各地编制的村规划以及制定的定额指标的分类基本相符。

以下就使用中的几种情况加以说明：

1 土地使用性质单一时，可明确分类；

2 一个单位的用地内，兼有两种以上性质的建筑和用地时，要分清主从关系，按其主要使用性能分类，如学校运动场，虽晚间、假日可为村民使用，但仍划为学校用地；

3 一幢建筑内具有多种功能，该建筑用地具有多种使用性质时，要按其主要功能的性质归类；

4 一个单位或一幢建筑具有两种使用性质，而不分主次，如在平面上可划分地段界限时分别归类，若在平面上相互重叠，不能划分界限时，要按地面层的主要使用性能，作为用地分类的依据。

4.2.2 关于居民点建设用地的分类代号的使用规定。类别代号中的大类以英文同（近）义词的字头表示，供绘制图纸和编制文件时使用，也便于国际交流。居民点建设用地的分类和代号，对各类用地的范围均作出了明确规定。现就有关用地分类的一些问题说明如下。

1 关于居住用地

居民点用地分类与城市用地分类中的居住用地的含义不同。居民点居住用地中，不再包括配套的公共管理和公共服务设施用地、商业服务业设施用地，各级各类公共建筑均分类别分别直接计入公共管理和公共服务设施用地、商业服务业设施用地面积的数值中。

村民独立使用宅基地的划定考虑与土地确权、乡村建设规划许可证的颁发管理，应严格按照村民宅基地边界进行划定。

2 关于公共管理与公共服务设施

"公共管理与公共服务设施用地"是指村委会等行政机构控制以保障基础民生需求的服务设施，一般为非营利性的公益性设施用地。

因农村地区公共管理与公共服务设施相对简单，且多数情况下各类设施往往集中在一至二栋建筑里面。因此为体现农村特点，本规范对公共管理与公共服务设施用地不再细分。公共管理与公共服务设施的图纸表达可在制图时采用设施符号分别表示。

村务管理用地包括村委会、警务室（保安亭）、团体、经济、社会管理机构及其他管理机构用地。

文化设施用地包括文化站（室）、图书室、科技站（室）、公用礼堂（祠堂）、展览、体育场（所）、老人活动室等。

教育用地包括托儿所、幼儿园、小学、农业技术培训机构等。

医疗用地包括卫生站（所）、计生站、防疫、保健、休疗养等。

社会福利用地指为社会提供福利、社会救济和慈善服务的设施及其附属设施用地，包括福利院、养老院、孤儿院、残疾人福利设施等用地。

文物古迹用地指具有保护价值的古遗址、古墓葬、古建筑、石窟寺、近代代表性建筑、革命纪念建筑等用地。

宗教用地包括教堂、庙宇、庵、清真寺等宗教活动场所用地。

3　关于商业服务业设施用地

"商业服务业设施用地"（B）是指主要通过市场配置的服务设施。考虑到居民点商业服务业用地较少，此类用地不细分。

商业服务业设施包括各类营利性的商业服务业店铺、农村超市、宾馆、旅馆、招待所、信用社、保险、娱乐、康体等机构等及其附属设施用地。不包括临时占用街道、广场等设施用地。

集贸市场指乡村农贸市场用地。

旅游服务设施用地指为乡村旅游服务的用地。

4　关于生产设施用地

"生产设施用地"（M）包括缝纫、工艺品制作等工业用地，各类农产品加工包装厂、农机站、兽医站等农业服务设施用地，以及各类农业建筑，如打谷场、饲养场、晒场、育秧房等及其附属设施用地；不包括"农林用地"（E2）中的蔬菜大棚、养殖水域等各类设施农业用地。

5　关于物流仓储用地

由于物流、仓储与货运功能之间存在一定的关联性与兼容性，将物流仓储用地独立于生产设施用地设置。

6 关于道路与交通设施用地

综合全国部分地区颁布或在编各类标准和技术规范，结合不同等级规模的村分别提出村干路、村支路、巷路的宽度要求。

居民点道路不必按照城镇标准要提出红线控制宽度，而应结合村实际提出相应的控制要求，能满足车行、人行需要，满足消防通道要求即可。居民点道路可以是按宅基地边界确定后呈锯齿状的。

考虑到我省部分地区村有渡口、索道等特殊出行交通方式，把渡口、索道的地面部分等特殊交通设施用地及其附属设施用地计入居民点交通设施用地。居民点交通设施用地不包括其他各类用地配建的停车场库用地、广场用地、轮渡码头和临时作为停车场所的场地。

村域范围内的农村道路主要是指乡级道路以下联系村与城镇、村与村、村与农用地之间的交通联系用地。该类用地在GB 50137《城市用地分类与规划建设用地标准》中归到"农林用地"（E2）。但这类用地在村域规划中应给予细化考虑，因此建议将该类用地从"农林用地"（E2）中细化出来。

7 关于公用设施用地

居民点公用设施水平较低，用地面积小，公用设施用地分为供应设施用地（U1）、环境设施用地（U2）、其他公用设施用地（U9）3小类，以便于居民点用地的统计工作。

"供应设施用地"（U1）中的通信用地仅包括以邮政函件、包件业务为主的邮政所和储运场所等用地。不包括信件代收、代缴水电气热费用的用地，此类用地以该用地的主要性质和用途进行分类。

"环境设施用地"（U2）包括废旧物品回收处理设施用地。

8 关于绿地用地

由于满足居民日常公共活动需求的广场与公共绿地功能相近，本标准将公共绿地与广场用地合并设立公共绿地小类。按照主要功能性质和用途分为公共绿地和防护绿地 2 小类。

4.3 规划建设用地标准

4.3.1 **1** 新建居民点应保证按合理的用地标准进行建设。其规划人均建设用地指标宜在（60～75）m²/人确定，当用地条件无法满足以上指标要求时，也可以按照（50～60）m²/人内确定。

2 基于现状人均建设用地水平，确定规划人均建设用地指标级别，本着节约集约用地和保障、改善民生的原则，根据各居民点具体条件优化调整用地结构，在允许调整幅度内综合各因素合理增减，不可盲目选择极限幅度。

3 我省边远地区及少数民族地区由于用地条件限制，经济水平较低，民族生活习俗不同，应根据当地政府规定的建设用地及宅基地指标确定。

4.4 用地计算

4.4.1 本条规定了用地面积的计算要求，要按平面图进行量算。山丘、斜坡均按水平投影面积计算，而不以表面面积进行计算。

4.4.4 规定了村域和居民点现状用地和规划用地统一按规划

范围进行统计，以利于分析比较该村规划期内土地利用的变化，既增强了用地统计工作的科学性，又便于比较在规划期内土地利用的变化，也便于规划方案的比较和选定。在规划图中，将规划范围明确地用一条封闭的点划线表示出来，这个范围既是统计范围，也是村域和居民点用地规划的工作范围；规定了规划用地范围是建设用地以及因发展需要实施规划控制的区域；规定了分片布局的规划用地的计算方法。

4.4.5 规定了用地计算的统一表式，以利于不同村域和居民点用地间的对比分析。

5 村域规划

5.2 规划目标

5.2.1 应明确村发展定位，科学合理地确定村域人口、经济、社会、环境和农村建设等目标，制订重要项目建设计划。

5.2.2 通过规划编制，应实现乡村建设发展有目标、重要建设项目有安排、生态环境有管控、自然景观和文化遗产有保护、农村人居环境改善有措施。

5.3 村域产业发展与布局

5.3.1 根据当地农业资源特点，合理安排好各类农业设施、用地与村民居住用地之间的关系。畜禽养殖业等用地应集中布局，便于治理污染和卫生防疫。为切实提高村民的收入和生活水平，可因地制宜地发展适于当地特点、对当地环境不造成影响的特色农业产业，实行产销一体化，培育优势产业链条，增强农业企业竞争力。

5.3.2 原则上村不得新增工业，现有的有污染的工业应逐步向镇以上的工业集中区集中；村现有工业已经形成规模且具有较大发展潜力的应结合乡镇工业集中区统一考虑。手工业、农产品加工业等应选择基础设施条件较好、交通便利的地区集中布局，无污染的特色手工业、加工业等可结合村集中布局。鼓励发展休闲农业、观光农业和体验农业，可结合村公共服务设施、村民住宅的开发利用合理安排旅游服务功能，但要防止对旅游资源和生态环境的破坏，同时避免旅游业发展对村民生活的不合理干扰。

5.3.3 城市近郊村要充分利用交通优势，根据城市居民需求，因地制宜，结合自身特色，鼓励在养老、文化、体育、农业生态旅游等方面确定产业发展方向。

5.4 村域建设规划

5.4.1 在预测各个居民点人口规模时，应充分考虑村域人口空间分布特点，居民点功能要结合村域产业发展规划来确定。

5.4.2 从保护土地资源出发，村域土地使用提倡集约节约利用，减少村建设占用耕地，尽可能利用丘陵、缓坡和其他未利用土地。

5.4.3 以集中布局、集约利用为原则合理安排村域内基础设施用地，应控制好基础设施廊道和两侧用地，防止其他建设占用等带来大的拆迁费用。公共服务设施用地的布置应与当地发展水平与实际需要相适应，原则上布局于规划集中建设的村。

5.4.4 规定了乡村风貌规划的内容。

5.4.5 规定了村整治指引的内容。

6 居民点用地规划

6.1 一般规定

6.1.1 由于我省城镇化进程的快速发展，农村人口总体呈下降趋势，本着节约集约利用土地原则，居民点建设用地应充分利用原有用地调整挖潜，以整治为主完善功能。

6.1.2 建议采用"小组微生"的理念引导居民点用地布局：小规模——宜聚则聚、宜散则散，科学合理控制建设规模；组团——按照综合配套生产生活设施和优化公共资源配置，延伸城镇公共服务的原则形成适当组合又相对独立的组团布局；生态化——利用自然地形地貌，尽量保护林盘田园；微田园——结合农村特点优化土地利用，合理规划前庭后院满足农民生活需求。

6.1.3 规定了用地选择的基本原则，要充分考虑居民生产、生活、安全三方面的需求。

6.2 居住用地

6.2.1 应根据本条文规定的原则科学合理规划居住用地，为居民创造良好的居住生活环境。

6.2.2 居住建筑宜集中布置，应符合相应的居住标准。乡镇政府应在遵守相关土地政策和规划的前提下，审慎制定村民集中建设住宅和散居建筑的相关政策。

6.3 公共管理与公共服务设施用地

6.3.1 由于村人口较少，商业、管理、文体活动用地及其他公共服务设施宜相对集中布置，形成公共活动中心，既能节约用地，又方便村民使用。

6.3.2 公共建筑项目的配置，主要是依据村的规模和等级，中心村应提高配置标准。本标准在综合各地规划建设实践的基础上，参照各省、自治区、直辖市对村公建项目的有关规定，制定了表 6.3.2，表中规定了配置的项目和设施建设的面积提出了要求，应根据人口规模作出适当调整。

考虑到各地村情况的差异，在保证配备基本设施，然后逐步完善的前提下，对表6.3.2中公共建筑项目的设置，规定了应设置的项目和建议设置的项目两种情况，供各地在规划时选定。

6.4 生产设施和仓储用地

6.4.1 生产设施用地选址同环境、能源、工程设施、交通等布置方面的要求。对农业生产设施用地布置的技术要求，强调了对下述用地的选址和布置，要给予特别重视。

1 规定了农机站（场）、打谷场等的选址要求；

2 规定集中饲养场地的选址，不仅要防止对生活环境的污染，更要满足饲养的卫生防疫要求；

3 规定兽医站要布置在村边缘。

6.4.2 仓储用地的规划布置中，要考虑运输便捷并符合防火与安全的规定。

6.5 绿 地

6.5.1 环境绿化在提高居住环境质量的同时，应注意结合实际情况，充分利用原有植被，节约用地，减少维护费用。

6.5.2 对公共绿地提出要求，旨在保证公共绿地的建设质量。

7 道路交通规划

7.1 一般规定

7.1.1 《中华人民共和国城乡规划法》第十八条规定了村规划内容，考虑到目前村规模都在扩大，村域不仅仅是道路规划内容，涉及与一些大交通的衔接，以及与区域交通设施的衔接等，故按交通规划进行编制，此外还包括村道路规划。同时按照节能减排的需要增加非机动车及步行系统内容。

7.2 村域道路

7.2.1 村域交通规划的重点之一为落实乡镇总体规划。

7.2.2 减少过境交通对村居民的影响的基本要求和原则。

7.2.3 与区域交通的衔接原则。

7.2.4 合理布局村路网，确定村交通层面的乡级以下道路规划原则。（乡级以上道路非村规划内容）

7.2.5 根据我省乡村建设的具体情况，目前已有大量的为农业生产服务的机耕路存在，长期以来这个问题未在规划中得到重视，本条根据大量的规划调研情况，明确提出机耕路应作为村交通规划的内容给予重视。由于目前机耕路还没有成熟的技术标准，因此本条只作简单规定。具体可参照《基本农田建设设计规范》相关要求规划建设。

7.2.6 为方便农村居民出行，应提倡公交优先，大力建设农村村域范围内的公交及站场设施。

7.3 居民点道路

7.3.3 表7.3.3道路控制宽度参照表，对不同规模的居民点采用不同的道路红线宽度，不能满足此标准的可适当降低标准，但居民点的村干路要至少能保障双向行驶机动车，村支路要保障单向行驶机动车。单车道的道路应设置错车道，间距可结合地形、交通量大小、视距等条件确定，有效长度不应小于5 m。巷路的设置宜考虑村原有的街巷肌理，不宜简单地划定红线宽度。本表为技术指标参考，特殊情况的居民点应因地制宜合理安排居民点道路等级及控制宽度。

7.3.4~7.3.6 结合农村实际，布置适合村民需求的公共交通、非机动车、步行系统及公共停车场。

8 公用设施与竖向规划

8.1 一般规定

8.1.1 工程管线规划应参照现行国家标准 GB 50289《城市工程管线综合规划规范》的有关规定。

8.2 给水工程

8.2.2 规定了村给水工程规划包括的内容和供水的规划原则。

8.2.3 规定了用水量的预测的方法，为简化起见，选择综合用水量进行预测，预测时要结合院落饲养牲畜家禽、种植用水及农家旅游接待考虑用水指标。

8.2.4 生活饮用水的水质，按现行的有关国家标准的规定执行。

8.2.6 本条规定了给水干管布置方向要与给水的主要流向一致，以便降低工程投资，提高供水的保证率。本条还规定了给水干管的最小服务水头的要求。

8.3 排水工程

8.3.3 村排水体制宜选择分流制。条件不具备的小型村，也可选择合流制，为保护环境、减少污染，在污水排入系统前，应采用化粪池、生活污水净化沼气池等进行预处理。对现有排水系统的改造，可创造条件逐步向分流制过渡。

8.4 供电与通信

8.4.1 本条规定了供电工程规划包括的内容和与上位规划的关系。

8.4.2 本条规定了规划的原则与要求。

8.4.3 电网规划的技术规定和布置供电线路的要求。

8.5 燃 气

8.5.4 各项用地和设施的安全防护距离应参照现行国家标准 GB 50028《城镇燃气设计规范》的有关规定。

8.6 环境保护和环卫设施

8.6.1 新建生产项目应符合的有关规定，空气环境质量、地表水环境质量、地下水质量、土壤环境质量应符合的要求。

8.6.2 固体废弃物的处理原则和生活垃圾收集点的规定。

8.6.3 村厕所设置要求，设计标准不得低于 CJJ 14《城市公共厕所设计标准》三类公共厕所的设计要求。公厕的建筑面积在 20 m^2 以上为宜，水冲式公厕应同步配置化粪池。

8.7 用地竖向规划

8.7.1~8.7.2 用地竖向规划参考 CJJ 83《城乡建设用地竖向规划规范》相关要求。

9 防灾减灾规划

9.1 一般规定

9.1.2 提出防灾减灾规划编制的基本原则要求，重点强调要保护村民的生命和财产安全，结合村的实际情况来保障其建设。

9.2 防灾减灾

9.2.1 规定了消防规划的要求。

 1 对具备给水管网的村，提出了建设消防给水的要求；对不具备给水管网的村，提出了解决消防给水的办法；对天然水源或给水管网不能满足消防给水以及对寒冷地区消防给水的要求。

 2 消防通道应符合现行国家标准 GB 50016《建筑设计防火规范》及农村建筑防火的有关规定。

 3 提出了村消防安全布局的要求。

 4 提出了村应设置火警电话和消防室的标准。

9.2.2 规定了防洪排涝规划的要求。

 1 在现行国家标准 GB 50201《防洪标准》中，对于不同规模的乡村防护区分别规定了不同等级的防洪标准。村防洪规划要根据所在地区的具体情况，按照上位规划中规定的防洪标准设防。村如果靠近大型或重要工矿企业、交通运输设施、动力设施、通信设施、文物古迹和旅游设施等防护对象，并且又不能分别进行防护时，该防护区的防洪标准要按其中较高者加以确定。

2 位于易发生洪灾地区的村，设置就地避洪安全设施，要根据村域防洪规划的需要，按其安置人口的数量，因地制宜地选择修建围埝、安全台、避水台等不同类型的就地避洪安全设施，本条对避洪安全设施的位置选择和安全超高提出了要求。该安全超高的数值要按最高洪水位，考虑水面的浪高及设施的重要程度等因素按上位规划中确定。

3 易受涝的区域往往容易洪涝并发，必须对其排涝作出统一规定。

9.2.3 规定了防震减灾规划的要求。

1 规定了防震减灾的生命线工程和重要设施要进行统筹规划，并要符合本条规定的各项具体要求。

2 规定了防震减灾的疏散场地规划原则，要符合本条规定的各项具体要求。

9.2.5 规定了气象灾害防御规划的要求。

1 根据国家有关规定，明确气象灾害类型，以便有针对性地进行防御。对于易发生相关气象灾害的地区，其预防与预警机制、应急处置措施和保障措施等内容，必须符合《气象灾害防御条例》的相关规定。

2 气象灾害多种多样，有些是可以防御的（如霜冻），有些是不可抗拒的（如雷击区）。对于不适宜建设区域，应首先从规划的选址上加以预防。

10 历史文化保护和景观风貌规划

10.1 历史文化保护规划

10.1.1 本条确定了村历史文化和特色风貌保护规划应遵循的原则。

10.1.3 本条规定了历史文化保护规划的主要内容,应对自然环境、街巷空间、建筑群体、公共空间和其他历史环境要素形成的空间格局进行整体保护。

10.2 景观风貌规划

10.2.2 本条提出地域特色的保护要求,应注重与自然环境相协调,保护地形地貌、自然肌理和历史文化,引导适宜产业发展,尊重民俗风情和生活习惯,塑造地域特色。

10.2.3 本条对街巷、水系、广场等展示农村景观风貌的重要公共空间提出相应的保护要求。

10.2.4 本条对传统风貌建筑、非传统风貌建筑和新建建筑分别规定了相应的保护、整治和控制的要求。

12 规划编制成果

12.0.3 为使村规划图纸达到完整、准确、清晰、美观，提高制图质量与效率，利于计算机制图软件研制，满足规划设计和建设管理等要求，规定了规划图纸绘制应标注的内容，以及规划使用的图例。其各项规定是在总结各地镇域和镇区规划图纸绘制的基础上，参照现行行业标准 CJJ/T 97《城市规划制图标准》和有关专业的制图标准，结合村规划的特点而编制的。

12.0.5 规定了规划成果包括的基础规划图纸。